繁花似锦的春天

Spring Trees in Bloom

【希】丽莎·博隆扎克斯 / 著

【希】丹妮拉·扎基娜 / 绘

张卫红 / 译

北京理工大学出版社

BEIJING INSTITUTE OF TECHNOLOGY PRESS

图书在版编目（CIP）数据

繁花似锦的春天 / (希) 丽莎·博隆扎克斯(Litsa Bolontzakis) 著；(希) 丹妮拉·扎基娜(Daniela Zekina) 绘；张卫红译. — 北京：北京理工大学出版社, 2018.6

（四季之书）

书名原文: Spring: Trees in Bloom

ISBN 978-7-5682-5543-1

Ⅰ. ①繁… Ⅱ. ①丽… ②丹… ③张… Ⅲ. ①春季—儿童读物 Ⅳ. ①P193-49

中国版本图书馆CIP数据核字(2018)第069418号

北京市版权局著作权合同登记号图字：01-2018-1589

Copyright © Litsa Bolontzakis

Published by Publications Hummingbird International

The simplified Chinese translation rights arranged through Rightol Media （本书中文简体版权经由锐拓传媒取得Email:copyright@rightol.com）

出版发行 / 北京理工大学出版社有限责任公司
社　　址 / 北京市海淀区中关村南大街5号
邮　　编 / 100081
电　　话 / （010）68914775（总编室）
　　　　　　（010）82562903（教材售后服务热线）
　　　　　　（010）68948351（其他图书服务热线）
网　　址 / http://www.bitpress.com.cn
经　　销 / 全国各地新华书店
印　　刷 / 三河市祥宏印务有限公司
开　　本 / 889毫米×1194毫米　1 / 16
印　　张 / 2.5　　　　　　　　　　　　　　责任编辑 / 杨海莲
字　　数 / 50千字　　　　　　　　　　　　文案编辑 / 杨海莲
版　　次 / 2018年6月第1版　2018年6月第1次印刷　　责任校对 / 周瑞红
定　　价 / 32.00元　　　　　　　　　　　　责任印制 / 施胜娟

谨献给

我挚爱的父母，以及所有在孩子幼小的心灵上播种爱、感恩和慷慨的父母们！愿本书能伴您左右，对您有所帮助！

怀着爱和感恩，献给您

丽莎 *Litsa*

我爱春天，爱这个盛开季节里所有美好的事物。

你难道不爱吗？你不爱春姑娘吹来的清新甜美的空气吗？昨儿个还是寒冬（冬天似乎总是有点漫长），今天早上一睁眼，忽然间意识到：春天已经来了！

这种感觉源自于身体里的每个细胞，源自于空气中的阵阵花香，源自于晨露上的点点阳光，最美妙的是大自然中的各种鲜果和坚果，让这个崭新的季节美味无比！

春天最让我着迷的是，经过了漫长的冬眠，一切都欣欣然苏醒了过来。眼之所及，似乎处处都在绽放新生命。满眼都是小小的花骨朵儿，一度光秃秃的树枝也抽出了嫩绿的叶子，甚至空气中都弥漫着无尽的生机和喜悦。

天越来越长，空气越来越暖，手套和长袜都可以束之高阁啦。虽然现在去沙滩上还有点为时过早，但我家周围却出现了一片新的"大海"，那漫山遍野盛开的美丽的野花成了一望无际的花的海洋。

那些鲜嫩的野花宛如绚丽多彩的地毯，在眼前弥漫开来，覆盖着我家院子周围的每一寸田野。

妈妈允许我在田野里肆意撒欢儿。我喜欢听鸟儿们掠过天空时的啁啾声，在我听来，宛如音乐般悦耳动听。

天上的鸟儿们也都在快乐地感受春的气息，它们不由自主地亮起歌喉，赞美春天。

鸟儿们在花丛中时而优雅地滑行，时而又展翅高飞。不过，在我多彩世界里飞来飞去的小伙伴不仅有小鸟，还有那些翩翩而飞的花蝴蝶呢，它们给绚丽的野花和飞翔的鸟儿增色不少。

别忘了，还有我哩。此刻的我就置身于如此美丽的画卷之中，奔跑着追逐蝴蝶。很难说哪只蝴蝶最美，它们的体型和花纹各不相同，但又都那么敏捷、那么可爱、那么温柔。

好像这些五彩斑斓的蝴蝶还不够似的，我脚下的田野也那么绚烂多姿！各种各样的花儿你不让我，我不让你，竞相绽放，不过我最爱的还是那一望无际红彤彤的虞美人。置身于这片红色的花海中，仿佛忘了世界的存在，甚至想把自己也变成一朵虞美人呢！

盛开的红色虞美人铺天盖地，好像整个田野都在燃烧。即便只是远远地看着它们，都美得让人窒息！

9

我随着蝴蝶蹁跹，终于，我抓到了一只蝴蝶。飞舞的蝴蝶看起来那么强壮有力，那么生机勃勃，可一旦抓在手心，它却看起来那么弱小。此刻，这个小生命困在我的手里，它唯一的念头就是要飞、飞、飞……

我实在于心不忍，于是松开手，把它放飞。看着它扇扇翅膀飞走，我禁不住对这些美丽的飞舞的精灵感到好奇。你知道蝴蝶是从毛毛虫变来的吗？它们起初并不是蝴蝶的样子。时机成熟之时，毛毛虫就在身上包了一层柔软的保护壳，被称为"蛹"。在这个蛹里面，产生了各种奇妙的变化，直到最后像变魔术一样，一个成熟的、美丽的蝴蝶破茧而出！

蝴蝶用触角采花蜜。

它们在寒冷的天气或者阴天就会休息，也正因为如此，蝴蝶在温暖的春天特别活跃。

实际上，如果天气非常寒冷，蝴蝶就无法飞行。

它们必须等到体温升高到特定温度才能振翅高飞。

蝴蝶喜欢春天，还有另外一个原
因：它们讨厌下雨！下雨的时候，它们会藏
在灌木丛里或者躲在树上，因为雨滴会砸伤它们
的翅膀。所以，下次捕捉蝴蝶，可别忘了先查查天气
预报哦！

13

我 在开满火红虞美人的田野里徜徉，也说不清自己更喜欢什么：是漂亮的蝴蝶呢？还是诱人的果树呢？我必须得做出选择吗？其实未必。这个世界上，我最最喜欢的果树当属杏树啦，当然，还有樱桃树，还有橘子树……哦，虽然有这么多的果树，但春光易逝！不过幸运的是，我最钟爱的果树并不是同时开花，这样我就可以一年四季跟它们亲密接触喽。现在，春天终于到了，杏树该开花啦！

　　我被这些美丽可爱的果树迷得神魂颠倒。我家附近就种着许多杏树，我觉得自己肯定是世界上最幸运的女孩。杏花在早春时节绽放，叶片未长却先开花，这让我感到非常惊讶。

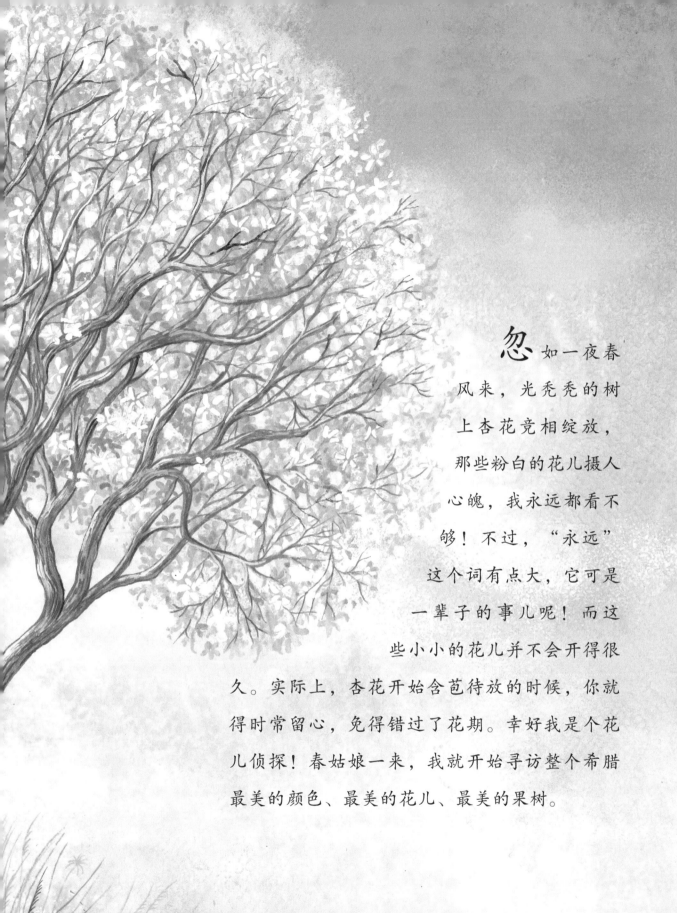

忽如一夜春风来，光秃秃的树上杏花竞相绽放，那些粉白的花儿摄人心魄，我永远都看不够！不过，"永远"这个词有点大，它可是一辈子的事儿呢！而这些小小的花儿并不会开得很久。实际上，杏花开始含苞待放的时候，你就得时常留心，免得错过了花期。幸好我是个花儿侦探！春姑娘一来，我就开始寻访整个希腊最美的颜色、最美的花儿、最美的果树。

在希腊，我们把处于开花期的果树称为"小新娘"，因为她们的盛装如此美丽，又散发着如此迷人的芬芳和爱意。

我一直觉得自然之母对果树尤为青睐，她精心地把它们装扮得惊艳绝伦！

这些果树看起来那么新鲜、那么迷人！

我会摘几束树枝带回家送给妈妈，她就开心地把它们插到起居室的一个大花瓶里，整个春天就这样装进了家里每个人的心里！

杏花转瞬即落，这使我忧伤不已！不过，并非一切都随杏花而去。杏花凋谢之后，小小的青杏开始挂上枝头，里面的杏仁也在悄悄长大。哦，我多么喜欢杏仁呀，就像喜欢春天的花儿和开花的果树一样！

杏仁不像有些坚果，只有成熟时才能吃。未成熟的杏仁即便青涩柔软，吃起来却别有风味。好吧，我承认，青杏仁的味道的确有点与众不同，有点酸涩，但正因为如此，它们才显得如此特别。

对于杏仁，我貌似缺乏耐心，想吃随时就吃，不管它们熟不熟！

你知道我为什么如此喜欢果树，尤其是杏树和樱桃树吗？其实原因再简单不过啦，因为它们是大自然中生产水果和坚果的"工厂"呀！想想吧，年复一年，树木结出美味的果实，它们就像一个个小工厂，都是为了满足我们的味蕾，带给我们愉悦。

你知道什么工厂不会产生污染吗？大自然的工厂就不会生产任何形式的污染：没有水污染，没有空气污染，也没有噪声污染，它们只会生产你能想象到的各种美味的果实。

这些树木默默无闻地工作，生产供人食用的各种美味，同时保护环境，多么令人难以置信呀！还有鸟儿呢，所有那些美丽的鸟儿们，它们在开满鲜花的杏树上休憩的时候该有多么开心啊！

在今天这样一个阳光明媚的暖春之日，我有时会幻想自己变成了一只色彩斑斓的小鸟，一整天都在四处飞翔，在杏花中筑巢，此情此景恍如梦境！

不过，这个春天里我的白日梦却遇到了一个棘手的问题：如果我变成了一只小鸟，又怎么品尝奇异美味的杏仁呢？如果没有杏仁，我可是活不下去的哦！

杏仁在我最喜欢的食物表中位居首位。哦，我真的太喜欢蜂蜜和杏仁了！还有杏仁脆饼，还有很多其他用杏仁做的美味食物。不过我最喜欢的杏仁点心非"库拉贝斯"莫属啦，这是一种独特的希腊甜点。

"库拉贝斯"是一种美味的酥饼曲奇，里面夹着杏仁。刚刚烤熟的"库拉贝斯"从烤箱中拿出来的时候还冒着热气，妈妈会在上面撒上一层糖霜，直到它们一个个变成可爱的小雪球。

谁能抵得住这种美味的诱惑呢？

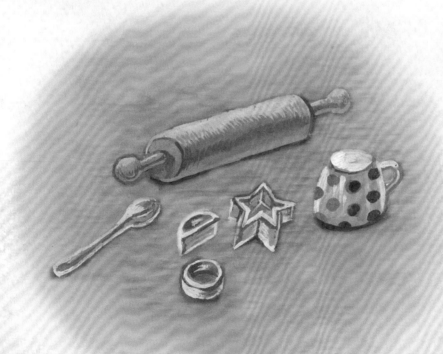

哦，如果杏仁春天就能成熟该有多好呀！为什么非得等到秋天才能尝到新鲜成熟的杏仁呢？秋天好像还遥遥无期呢，可爸爸说大自然在教我们有耐心。

他说："即便拥有世界上所有的金钱，你也无法让杏仁提前成熟。多点耐心，多点耐心，再多点耐心。"

唉，耐心到底是什么呢？

爸爸说，耐心就是等待美好的事情发生。

他跟我说："万事万物皆有其时，万事万物必有其时！"

唉！不过，即便我心爱的杏仁还没完全成熟，我的樱桃却不用再等待——它们现在已经成熟了，我想吃多少就吃多少！

哦，樱桃呀，鲜红欲滴，美味无比！

谢天谢地，我不需要耐心地等待樱桃成熟。

它们就像糖果一样甜蜜，而且是我最喜欢的糖果。

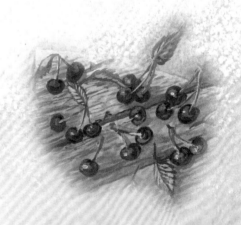

为什么樱桃是我最喜欢的水果呢？有时候我想，也许是因为樱桃是那么美味、那么鲜红、那么多汁吧；有时候我又想，也许是因为爸爸特别喜欢春天，而且又特别喜欢樱桃的缘故吧！

爸爸在市中心工作，那里有很多卖食物的集市，比如水果集市、面包集市、鱼市，还有其他各种各样的集市。在我们居住的岛上，没有那种可以在同一个地方买到所有物品的大超市。我们这儿有的只是一个一个分散的小集市，人们可以购买日常生活必需的鱼呀，肉呀，水果呀，蔬菜呀，还有面包。

妈妈每天出门购物一两回，这样才能买到刚出炉的面包，或者新鲜的蔬菜，或者最最美味的水果。爸爸开的卖鱼的小店就在这个集市里。

就在这样一个春日，屋外爸爸的摩托车轰鸣声由远而近。今天他会给我带回来什么呢？想到这里，我的脸上不禁漾起了微笑。爸爸总是会带给我惊喜！

摩托声越来越近，我看到爸爸像平日一样满面微笑，不过让我难以置信的是，他竟然戴着红艳艳的"耳环"！可能吗？我不禁纳闷。如果不是耳环，那他耳朵上那两串闪亮的红色东西又是什么呢？

爸爸从车上下来，停好车，把我抱在怀里，这下我才把他漂亮的新"耳环"看得一清二楚。原来，那根本不是什么耳环，而是樱桃！两串红红的樱桃像耳环一样挂在他的耳朵上！

我俩不约而同地开怀大笑！能这样吃到美味的樱桃，我心中的甜美无以言表！

空气中飘荡着愉悦的笑声和无尽的快乐，爸爸看到把我逗乐了，自己也非常高兴。从他脸上满足的表情上我可以看出来，此时他心里一定在想：任务圆满完成！是的，爸爸做到了，他一次又一次带给我开心快乐。

对他来说，逗我高兴是如此自然而然的事儿。

有幸成为他的女儿，我既开心又感恩。

我多么希望天下所有的男孩女孩都可以拥有一个像我一样的爸爸。

无论什么季节，爸爸会让每一天都那么特别。春天，可能会是他耳朵上挂的一串樱桃；冬天，可能是一包热气腾腾的炒栗子。无论什么季节，无论做什么，爸爸始终感恩生命中发生的每一件微不足道的事情。

随着年龄的增长，我也在潜移默化中培养了他的这些品质。

杏仁脆饼

请在家长的监护下准备配料

植物油1杯	发酵粉2茶匙
糖霜1杯	玉米片屑2杯
鸡蛋2个	切碎的熟杏仁1杯
香草1茶匙	巧克力屑1杯
杏仁粉1茶匙	肉桂粉1汤匙
面粉 $2\frac{1}{2}$ 杯	细砂糖3汤匙

制作过程：

将植物油和细砂糖拌匀，缓缓加入蛋液

将其他配料缓缓倒入，并充分搅拌

面团尽量柔软，易于揉搓

将面团分成两份，分别揉成长条状

将面团放在涂过黄油的烤盘上，用手摊平，放入烤箱，225度烤30分钟

从烤箱中取出，趁热将其切成1英寸（2.54厘米）厚的薄脆饼

撒上肉桂粉和糖霜

放回烤箱继续烤10～12分钟

库拉贝斯

（糖霜奶油曲奇）

请在家长的监护下准备配料

35～40块，220度烤25分钟

优质无盐奶油2杯　　　　发酵粉2茶匙

（室温）　　　　　　　　杏仁1杯（去皮熟杏仁，切成大碎块）

糖霜 $\frac{1}{2}$ 杯　　　　　　面粉5杯

鸡蛋1个　　　　　　　　用来洒在曲奇上的糖霜

香草2茶匙

制作过程：

奶油放入电动搅拌杯，用搅拌器将奶油和糖霜搅拌10分钟

加入鸡蛋，继续搅拌5分钟

加入除面粉以外的其他配料，搅拌

缓缓加入面粉，同时用搅拌棒搅拌，注意观察面团

面团尽量柔软，易于揉搓

将面团揉搓成小圆球状，并用大拇指轻轻按压，然后放入烤盘中，在烤箱中加热

25分钟后取出，将糖霜放在一个平面器皿上，轻轻将曲奇放上去

然后将糖霜撒在曲奇上，使糖霜裹满曲奇

晾凉之后，将曲奇放入一个美丽的浅盘中，就可以尽情享受"库拉贝斯"啦

作者：丽莎·博隆扎克斯

插图：丹妮拉·扎基娜

本套丛书